友谊手链轻松学

[美] 米歇尔·霍沃思 著

鞠向超 译

中国水利水电出版社
www.waterpub.com.cn
·北京·

内 容 提 要

本书以详细、精美的图文说明介绍了 31 款各具特色的友谊手链的制作方法。本书包含作者所设计的最新款式花纹以及使用不同原材料编织手链时的一些技巧等,为读者朋友提供了系统、全面又清晰的学习基础,即使是新手也能轻松学会编织漂亮的友谊手链。

北京市版权局著作权合同登记号:图字 01-2016-8945 号

本书通过锐拓传媒代理,经 Tuva Publishing 授权出版中文简体字版本。

Friendship Bracelets

Copyright © Tuva Publishing

Published by arrangement with Tuva Publishing

The simplified Chinese translation rights arranged through Rightol Media

图书在版编目(CIP)数据

友谊手链轻松学 / (美) 米歇尔·霍沃思 (Michele Howarth) 著 ; 鞠向超译. -- 北京 : 中国水利水电出版社, 2017.9

书名原文: Friendship Bracelets

ISBN 978-7-5170-5854-0

Ⅰ. ①友… Ⅱ. ①米… ②鞠… Ⅲ. ①手工艺品-制作 Ⅳ. ①TS973.5

中国版本图书馆CIP数据核字(2017)第230307号

策划编辑:杨庆川 张 静	责任编辑:邓建梅
加工编辑:白 璐	封面设计:李 佳

书 名	友谊手链轻松学 YOUYI SHOULIAN QINGSONG XUE
作 者	[美]米歇尔·霍沃思 著 鞠向超 译
出版发行	中国水利水电出版社 (北京市海淀区玉渊潭南路 1 号 D 座 100038) 网址:www.waterpub.com.cn E-mail:mchannel@263.net(万水) sales@waterpub.com.cn
经 售	电话:(010) 68367658(营销中心)、82562819(万水) 全国各地新华书店和相关出版物销售网点
排 版	北京万水电子信息有限公司
印 刷	联城印刷(北京)有限公司
规 格	207mm×220mm 16 开本 6 印张 128 千字
版 次	2017 年 9 月第 1 版 2017 年 9 月第 1 次印刷
定 价	39.00 元

作者简介

米歇尔·霍沃思在很小的时候就尝试学习编织一些可以增进友谊的手链,手艺日益精湛,最终成为一项可以为她增加收益的活动。随着手艺不断进步,米歇尔开始不满足于陈旧老套的手链模式和材料,于是开始采用新的材料并创造新的编织方法来设计她自己的手链。对她来说,制作友谊手链是一种艺术。在www.quietmischief.com可以买到她亲手设计的手链。

简介

　　制作友谊手链是一种非常古老的艺术形式（可以追溯到公元前400年的中国！）20世纪70－80年代，友谊手链在美国风靡起来，在朋友之间掀起一股巨大的馈赠浪潮。

　　这些代表纯洁友谊的手链无论是纯编织或是配有珠子挂饰，还是打上漂亮的结扣，在全世界都越来越流行。这本书可以教你制作代表你们珍贵友谊的手链！

Contents

基本技法

本书编织手链所用到的基本技法有些时候也可以称为小型的编结艺术（micro-macrame），用两条线打上几十甚至上百个小结扣编成一条手链是非常容易的，但是如果将各种不同的结扣和琳琅满目的珠宝饰品搭配起来，编织出的手链将成为一种非常具有艺术性的手工艺品。一旦你掌握了书中介绍的四种结扣方法和两种友谊手链的基本编法，你就可以编织出任何你可以想到的花样手链，甚至还可以设计专属于自己的手链。

如果在编织手链的过程中遇到打错结扣、挑错绣线的颜色，或者手链编织过长等问题，只需要用一根大头针轻轻挑开结扣或者把芯线拉开就好，避免全部解开打散而浪费时间。

友谊手链的基本打结方法

所有的友谊手链都是从一个单结开始的，可参考后文中阶梯式手链的编织方法来学习打单结（即为日常使用最多的结扣方法），你选择的打结方式可直接决定手链的编织方法。本书将介绍四种不同的打结方法。

1. 正向结扣

将要打结的线（打结线）放在左边，然后在右边的线（芯线）上打两个单结。在打结时，打结线在芯线的左边撑起一个三角形并绕芯线一圈，然后将打结线拉紧就可以在芯线上形成一个带有向右螺旋纹路的结扣了。

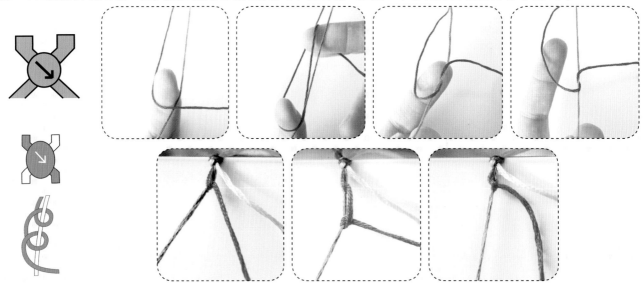

2. 反向结扣

将要打结的线放在右边，然后在芯线上打两个单结。在打结时，打结线在芯线的右边用打结线撑起一个三角形，穿过三角形并绕芯线一圈后拉紧，最后在左边的线上结成扣。

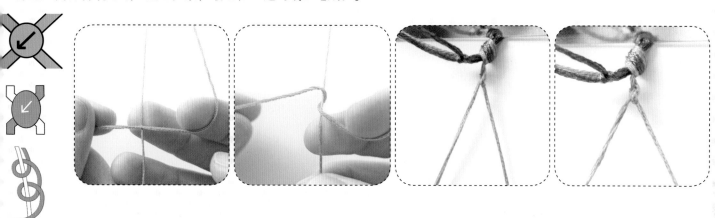

3. 正反向结扣

将打结线放在芯线左边，然后在芯线上打一个单结。随后将打结线按照从左到右的方向穿过芯线打一个单结，然后将打结线从右到左再打一个单结。最后得到的结扣是一个反向结扣，同时打结线和芯线的位置互换了。

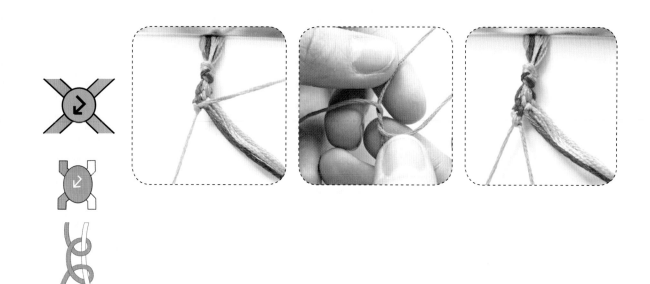

7

4. 反正向结扣

　　将打结线放在芯线右边，然后在芯线上打一个单结。随后将打结线按照从右到左的方向穿过芯线打一个单结，然后将打结线从左到右再打一个单结。此时打完结扣的线重新回到最开始的位置。

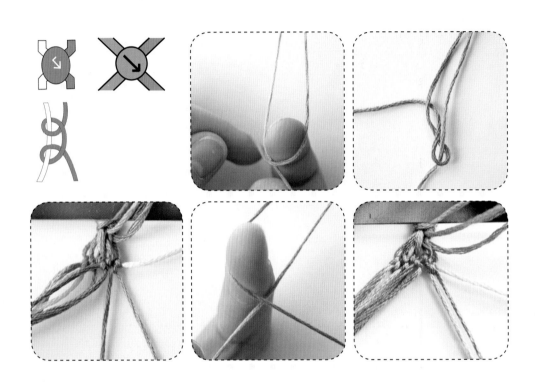

松紧度

　　松紧度是指打结时用力的大小导致手链松散或紧绷的程度。初次尝试编织手链时，大部分人会比较极端，打结时要么非常松要么非常紧。过松会导致手链上的花纹效果呈现不出来，过紧则会让手链卷缩不能伸展开来。多加练习直到可以掌握一个适当的力度，就可以编织出像书中图片一样漂亮的手链了。

收口

自然收口

　　这是最简单的收口方法，只需要在编织到足够长度时将剩余的线剪短，然后将手链的两头打结即可，除此之外不需要对手链的收尾处做其他处理。这种收尾方法适用于绣线细且成品较窄的手链，如果用超过4～6根绣线编织而成的手链也使用这种方法收口就不合适了，结扣非常容易松散开来。

发辫收口

　　在结束手链的编织后，将所有的线平均分为三组，把最右边的一组线压在另外两组中间，然后把原来中间的那组（现在在最右边）绕到现在两组线的中间，最后再把最左边的线绕到中间，依此类推，直到达到你认为合适的长度，最后在末尾打个单结即可。

如果感觉编完之后太长可以适当修剪，但是也要确保不能太短。在距离尾端的结扣2.5cm左右再打一个新的单结把两条发辫绑在一起。戴在手上感受一下手链的长短，过长或者过短的话可以取下来重新调整结扣的位置。当你确定了合适的手链长度就可以将多余的绣线剪断。

如果你编的手链比较宽，也可以尝试将多余的绣线藏到手链下面。

平结收口（可调节手链长度）

首先准备一条需要收口的手链。

1 将编好还没有收口的手链固定在夹板上，把两头编织成发辫的绣线一头向上、一头向下对齐排好。

2 剪取一段长约30cm的绣线，放在发辫绣线的中间部分。

3 牢牢打一个单结，将短绣线绑在手链的发辫部分。

4 将右边的绣线从发辫的下方穿过并且落在左边绣线的上面。此时会在右边呈现出一个圆环。

5 将左边的绣线穿过右边的圆环。

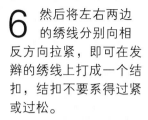

6 然后将左右两边的绣线分别向相反方向拉紧，即可在发辫的绣线上打成一个结扣，结扣不要系得过紧或过松。

接下来的第二个结扣用相反的编织顺序：把左边的绣线从发辫的下面穿过右边绣线的上面形成一个圆环，再将右边的绣线穿过圆环即可。

7 打6~10个平结之后，在形成的大结扣下面将绣线用单结绑好，剪掉多余的长度，用打
火机将两头修整，也可用透明指甲油涂抹在结扣上，保证结扣不会松散开来。

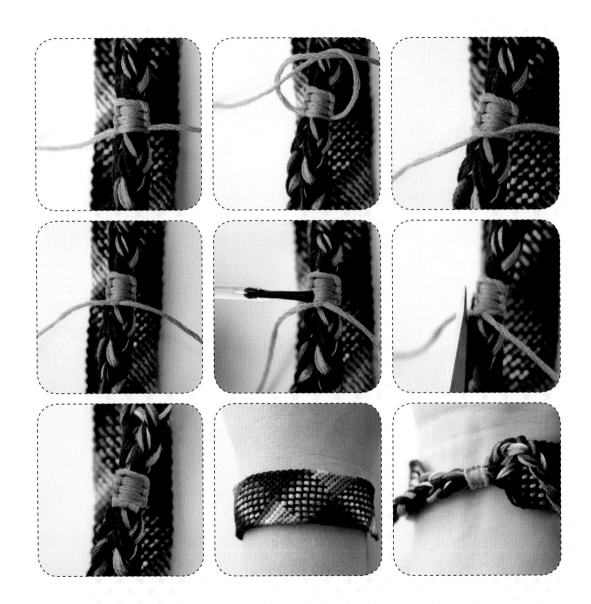

材料

13

友谊手链与丝带&珠子

1 准备1~6种不同颜色的丝带，这次我们选择了带金边装饰的奶油白、深棕色和浅棕色的丝带各2条，将所有丝带剪至35cm左右。这个长度可以根据你自己或者朋友的手腕粗细进行调整。

2 打一个单结把6条丝带绑在一起。用一个大头针穿过结扣部分将丝带牢牢固定在工作毡板上，或者用夹子夹在一块夹板上，只要能固定住即可。

3 将6条丝带以2条为一组，分成三组。

4 将其中的两组放在左边，另一组放在右边（1）。

5 将中间组的丝带穿过右边的丝带同时换手，现在原本中间的丝带在最右边并用右手捏住，原本最右边的丝带现在在中间并用左手捏住（2，3）。

6 将两组丝带换到左边，绕过左手捏住的最左边的一组丝带（4）。

7 也就是说，将三组丝带不断重复以下步骤：将右边的丝带绕到中间后，作为新的中间组再绕过左边的丝带，将此时中间的丝带再绕过右边丝带，不断重复一直编织到合适的长度（5，6）。

8 为了把珠子穿到手链上，需要在快编到手链一半长度的时候停下（例如，你希望编一条18cm的手链，在6~7.5cm的时候停止编织），停止的时候要让中间的丝带绕到右边（7）。

9 每组丝带上都要穿一个珠子。

10 将珠子穿到最左边的丝带上，并一直推到编织停止的地方。但是不要推太紧，否则会让手链的松紧度产生变化，使手链变形（8）。

11 小心地将中间的丝带绕过最左边的丝带。注意要将中间的丝带紧贴在珠子的下面以确保固定住珠子。这一步也许需要一些练习，大珠子会更加容易操作。另外注意不要把手链编得太紧，不然会导致手链整体扭曲变形，看起来皱皱巴巴的（9）。

12 将现在中间的丝带，也就是带珠子的丝带，绕过最右边的丝带并固定珠子的位置。再一次提醒大家，不要编得太紧（10）。

13 将另一颗珠子穿到现在最左边的丝带上，重复12的步骤，直到三组丝带上都有珠子（11，12，13，14）。

14 继续编织手链直到合适的长度，你可以在编织时测量长度以保证珠子位于手链的中间（15）。

15 打一个单结来收口，防止手链散开。如果剩余的丝带太多可以进行修剪（16）。

16 通过使用不同的丝带、绣线，不同大小的珠子或者其他装饰品来丰富手链的样式。

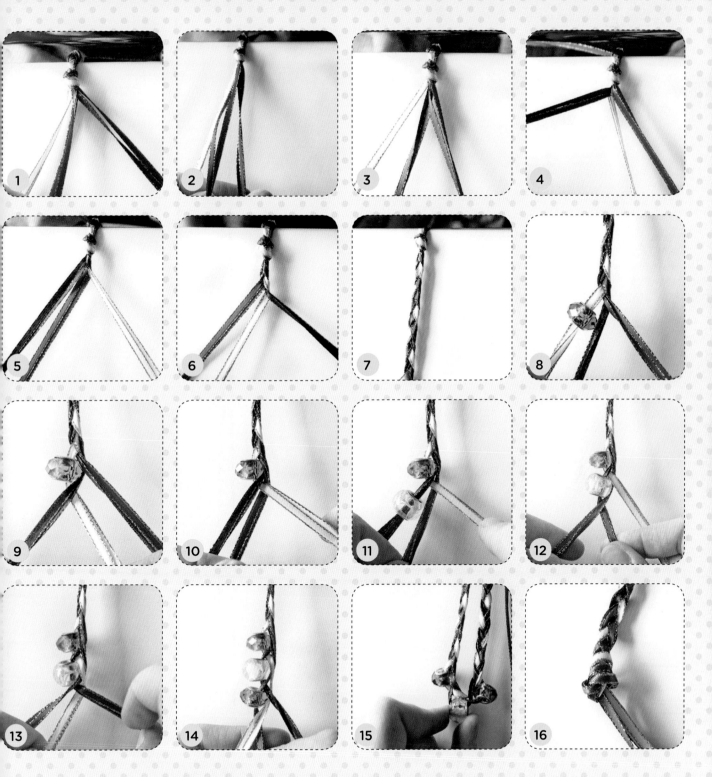

糖果条纹手链

（本节选用的绣线是DMC绣线的917、700、743色号。）

1 选1～3种颜色的绣线来编织这款手链。我建议第一次
学习编织手链的朋友可以选择3种不同颜色的绣线，这
样可以在编织的过程中清晰地分辨每一条绣线。

2 将三条绣线剪至91cm左右的长度。这个长度可根据
你编织手链的松紧程度而变化，需要保证手链的编织
部分的长度有14cm左右，并且在18cm处打结扣。

3 打一个单结将三条绣线绑起来（1，2）。

4 将最左边的绣线在另外两条线上各打两个右梭结，然
后将现在最左边的线继续在另外两条线上各打两个右
梭结，并重复这几步操作（3，4，5，6，7，8，9）。

5 一直编织到你认为合适的长度。但需要注意的是，刚
编织好的手链会有一定的收缩性，所以我建议在你认
为适宜的长度的基础上多编织一截，或者等几分钟后再根
据收缩程度的不同进行调整。收口可以选择你最喜欢或者
最擅长的结扣方式（我建议在收口时多留出一些没有编织
的线作为装饰）（10，11，12）。

6 如果想要挑战更高的难度，可以增加绣线的数量。这
是帮你在学习后面编织方法时能适应更多数量、颜色
的绣线的最佳练习方式。

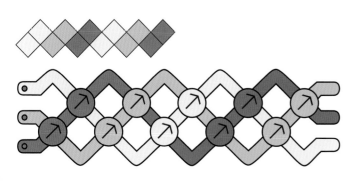

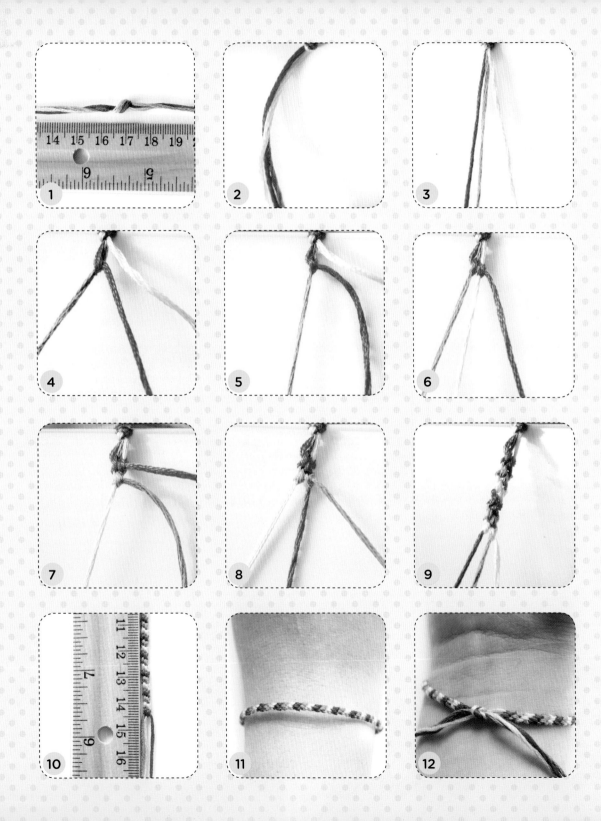

旋转阶梯式手链

（本节选用的绣线是DMC绣线的818和820色号。）

1 剪取6条长约91cm的绣线。制作这款手链选择的是浅粉色和品蓝色（宝石蓝）绣线。

2 将所有绣线打一个单结绑在一起。注意要在距离线头的15~18cm处打结，这样留出来的一部分绣线可以根据个人喜好用来收尾或者作为装饰（1）。

3 从这缕绣线中挑出一条用左手捏住。

4 这款手链的制作方法类似于缠绕式手链，但是不单单采用了缠绕手链的编法，还需要通过打单结的方式编织成旋转式楼梯的样子。挑出一条浅粉色绣线，在芯线上打一个单结，左手握住主线，右手握住单根的浅粉线，将浅粉线从芯线上面跨过，同时用手指将浅粉线在芯线左边撑起一个三角（2）。

5 将浅粉色绣线绕所有的线一圈，然后穿过浅粉色绣线和芯线的三角空隙（3）。

6 将步骤5中的结扣向上推，直到紧贴最开始将所有绣线绑在一起的那个单结。不要将结扣打太紧，要留有空隙让下一步骤的绣线从中穿过（4）。

7 用步骤6中相同的单条浅粉色绣线重复打单结（5）。

8 随着编织的进行，你会发现绳结会自然而然地绕着芯线成螺旋状。如果不在编织的过程中将编好的部分抻直，就会影响螺旋花纹的效果，编得太紧就会破坏了整体的美感。为了防止这一点，在编织的过程中需要不时调整整个手链，将编好的部分向螺旋纹的相反方向

扭一扭。还要注意，最后一个结扣在左边打结，而不是在右边（6，7）。

9 编织到一定的长度之后可以换一条不同颜色的绣线继续编织。在芯线中挑选一种不同的颜色（书中为品蓝色）重新开始打单结。通常情况下，选择一条和第一次编织的浅粉色绣线紧邻的品蓝色绣线会更好地把螺旋花纹完美连接起来（8，9，10）。

10 按上述步骤将手链编织到你需要的长度。要注意不要用相同颜色的绣线编太长，这会直接造成没有足够长的绣线可以编完手链。为了避免这种情况，我建议选择三种颜色的绣线，然后在编织过程中不断变换三种颜色的绣线作为主要编织线，不仅可以让手链颜色更加丰富，还可以留出更多长度方便调节手链的整体长度。

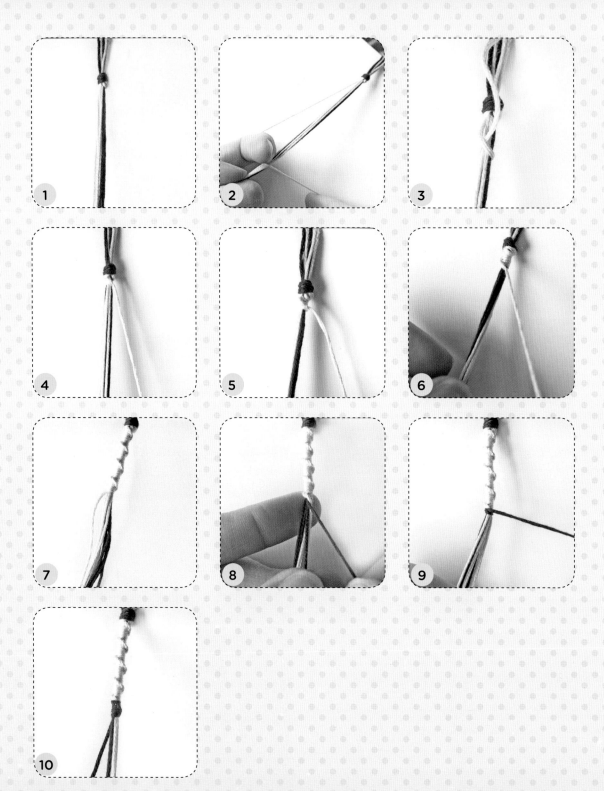

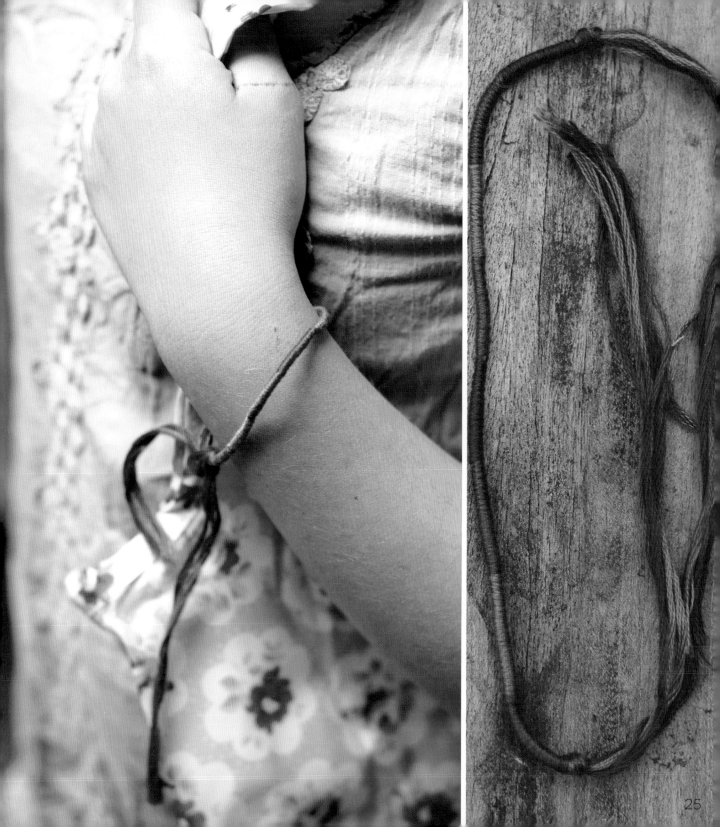

绕线手链

（本节选用的绣线为DMC绣线的918、919和920色号。）

1 选取6条61~91cm的绣线，剪取的长短将决定你编织手链的长度，可以按自己的需求剪取。

2 在距绣线开头15~18cm处打一个单结，把所有的绣线绑在一起（1）。挑出一条绣线并将其固定在左侧（2）。

3 用挑出来的这条绣线将芯线从左到右缠绕一圈。确保缠绕出来的螺旋花纹没有缝隙，能够完全包裹芯线并达到看不到芯线的效果。但是，不宜缠绕得太紧，太紧会造成手链整体扭曲变形。

4 继续用这条绣线缠绕芯线，如果想要加快速度，可以快速地缠绕几圈之后，从最下面的线圈往上推，使缠绕的线圈紧贴在一起。但是用这种方法时不可以为了图方便缠绕很多圈后再推，这样会导致线圈长度不均，所有的绣线都不能紧贴芯线，会出现凸起等情况（3，4，5，6）。

5 当你想换另一种颜色的绣线作为缠绕线时，要选取一条紧贴第一条缠绕线的绣线紧紧压住第一条缠绕线，确保之前缠绕的部分不会散开（7，8，9）。

6 用新的不同颜色的缠绕线开始编织时，按照步骤3和步骤4的方式继续缠绕即可。要特别注意把第一条缠绕线放回到芯线后，用新的缠绕线继续缠绕时不要露出明显的断层感。

7 不断变换不同颜色的缠绕线进行编织，一直编到你需要的长度。同样要注意，不要使用同一颜色的同一条缠绕线编织过长，这样会导致你的手链在还没有编完时就被迫停止。为了避免这种情况，可以选

用多种不同颜色的绣线进行编织，或者在选线时就确保有2~3根相同颜色的绣线可以交替编织而不更改颜色。

8 在结束的地方打一个单结，将剩余的绣线进行适度修剪即完成（10，11）。

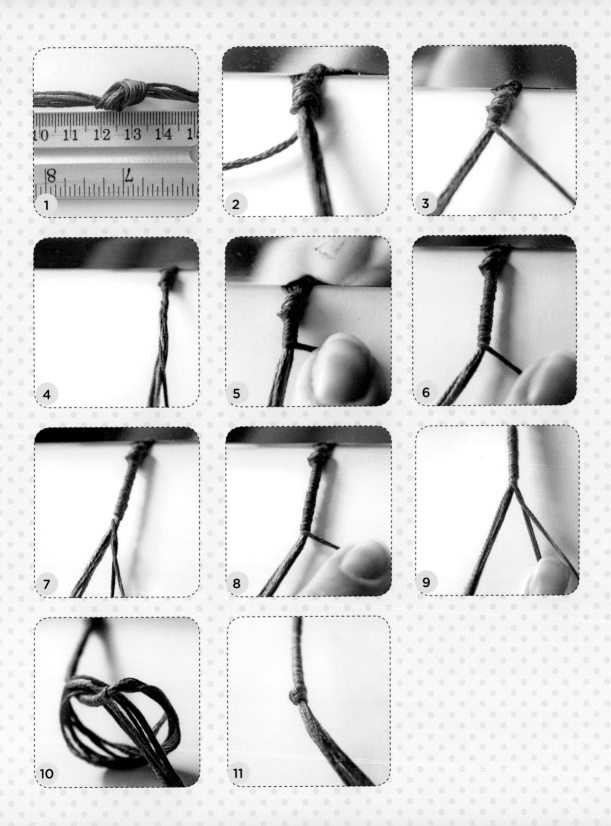

锯齿形手链

（本节选用的绣线为DMC绣线的550、3846、703色号。）

1 选择3种不同颜色的绣线，长度约180cm。将这3条绣线从中间对折，在距离对折处15~18cm的地方打一个单结将所有的绣线固定在一起，现在我们有6条待编织的绣线。

2 采用前文介绍过的糖果条纹手链的编法编织这款手链。编织的顺序非常重要：以书中手链为例，为了得到3种条纹，首先将第一条蓝色的绣线在第二条蓝色绣线上打第一个结扣，然后是绿色，最后是紫色。按这个顺序一直打结到你将所有的绣线都用过一遍，并且每条绣线都有两个结扣（1）。

3 接下来的这步要反过来。不要用最左边的那条绣线来重新开始编织新花纹，而是用最右边的那条（就是刚刚使用过的那条），打一个反向结扣将它拉到左边。做完这些之后，再拿起现在最右边的绣线打结拉到左边（2, 3, 4, 5, 6）。

4 现在重新改变结扣方向，将最左边的绣线（也就是刚刚你在编织的那条）在左边打结。然后用一个右梭结将其固定在右边（7）。

5 持续用糖果条纹手链的编织方法进行正、反方向的编织，到你需要的长度后用你最喜欢的收口方法结束编织。

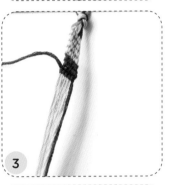

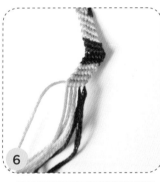
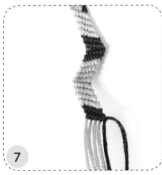

V字形花纹手链

（本节选用的绣线为DMC绣线的3812、3843和327色号。）

剪取3种长约183cm的不同颜色的绣线。将这些绣线从中间对折并在对折处的15~18cm处打一个单结。现在我们就可以编织一条由6条绣线组成的手链了。

从这里开始，手链的编织将开始加大难度了，变得不容易用语言来描述。所以从这部分开始学习阅读本书中的编织示意图吧。实物照片中绣线的排列方式和织示意图的排列方式是一样的，最外面的两条绣线为绿色，然后是蓝色，中间是条紫色的绣线（1）。

为了防止在编织过程中看花眼导致分不清该轮到哪一条绣线，最简单的方法就是在开始时一排一排地跟着编织示意图进行编织。将最左边的绿色线在紧邻着的蓝色线上打一个正向结扣作为这条手链的第一步，接着将右边的紫色绣线在左的紫色绣线上打一个正向结扣，最后将最右边的绿色绣线在紧邻着它的蓝色绣线打一个反向结扣。

要注意，对于大多数友谊手链的编织过程来说，并不是所有的绣线在每一轮编织过程中都会用到。以这款手链为例，虽然第一轮中6条绣线就全都用到了，但在第二轮中左右两边的两条蓝色的绣线就没有用到，是绿色的绣线在紫色的绣线上结。所以在编织的过程中不用担心"好像有两条绣线没用到，是不是编错了"的问，只要记得在编织的过程中，最外面的两条绣线是通过一个V字形的路线绕回到内，从而形成了V字形的花纹。

重复上述的编织步骤，继续编织到你需要的长度，然后选一个你最喜欢或者最擅长的收口方式进行收尾。

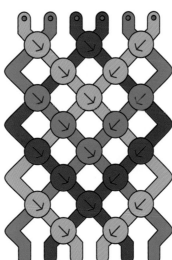

3

"V" + "锯齿" 的混合花纹手链

（本节选用的绣线为DMC绣线的3847、3801和3866色号。）

1 这条独一无二的手链混合了V字形和锯齿形手链花纹手链的编织方法。准备材料时你需要为每款花纹各准备6条绣线，也就是说编织这款手链总共需要12条绣线。当然也可以剪取6条足够长的绣线然后从中间对折使用。制作这条手链时，我用蓝色的绣线来编织V字形花纹部分，用白色和红色的绣线来编织锯齿形花纹部分。

2 在绣线开头的15cm左右处打一个单结把所有的绣线绑在一起，如果你是将绣线对折使用，那么就在距离对折处15cm的地方打结。虽然你现在有12条待编织的绣线，但是不要担心，你不需要同时编织这12条绣线。

3 将所有的绣线进行分组，6条编织锯齿形花纹的绣线放在右边，其余6条用来编织V字形花纹的绣线放在左边（1）。

4 第一件你需要做的事情是想办法将两种花纹的手链连到一起。挑出最右边的用来编锯齿形花纹的绣线（如果你和我一样用的都是蓝色的线那么选择哪一条都可以）然后将编织V字形花纹手链绣线的最左边那条挑出来，并用一个反正向结扣绑在右边的绣线上（2）。

5 紧接着，继续用这条绣线并按照锯齿形手链的编织方法，用正向结扣依次穿过另外5条绣线并分别打结（3）。

6 到这一步时你会发现用来编织锯齿形手链的绣线有7条，这是因为在步骤4中我们曾将一条编织V字形花纹的绣线和编织锯齿形花纹的绣线打结。为了避免你在编织锯齿形手链部分时将属于V字形花纹的绣线错用，现在我们可以编一段V字形花纹手链（4，5）。除了可以保证不会错用绣线之外，这个步骤也是非常重要的，交替编织将有助于将两种花纹的手链进行长度对比，确保最后编织结束时两种手链保持相同的长度。

7 当你已经编织了一定长度的V字形花纹手链之后可以将它放在一边，然后调转方向继续回去编织锯齿形手链。编织时前6排用正向结扣，后6排用反向结扣就可以做出锯齿的感觉来（如果需要更多指导可以回顾锯齿形手链的教程）（6，7）。

8 锯齿形部分编织到一定的长度之后不要忘了继续编织V字形花纹的部分，要保持两边的长度一样（8）。

9 以锯齿形手链编织出一个完整锯齿形（有一个弓起向上的角和两个向下的角）的时候为一组，重复步骤4，再次把两部分手链的最左边的一条绣线和最右边的一条绣线挑出来，然后左边的绣线在右边的绣线上打一个反正向结扣（9）。

10 继续编织手链直到你需要的长度，期间不要忘了在每组结束的时候将两部分手链连接起来。最后用发辫收口方式将12条绣线编在一起来进行收口。

脊线纹手链

（本节选用的绣线为DMC绣线的718、740和907色号。）

1 剪取3种长约183cm的不同颜色的绣线，将它们从中间对折并在距离对折处15~18cm的地方打一个单结，现在就有6条待编织的绣线了。

2 根据示意图的排列方式将6条绣线依次排列，你也许已经发现这和前面的V字形花纹手链的示意图是相似的。我们现在要做的是把紫红色的绣线放在最外边，然后往里依次是橙色和绿色（1）。这是一种可以通过加入更多绣线来让手链变得更宽的编织方法，只需要将新加入的绣线放在最外侧即可（例如，我想加一些蓝色绣线，那么现在绣线由外而内的排列顺序即为蓝色、紫红色、橙色、绿色）。

3 跟着示意图标注出来的顺序进行编织，要注意最开始的两排全部要用正向结扣来编织，第三排用正反向结扣，因为所有的绣线都要拐弯回到手链的左侧位置，如果采用一排用反向结扣，另一排用反正向结扣的方法，那么所有的绣线最后又会回到右边。相比只用反向结扣，这款手链的编法在转弯处会产生更多的正向结扣，这可以让花纹在手链上持续呈现穿梭的感觉，这就比基础的糖果纹手链有更强烈的视觉效果（2，3，4，5，6，7，8）。

4 继续编织一直到足够的长度，然后用你最喜欢的收口方法进行收尾。

火焰纹手链

（本节选用的绣线为DMC绣线的550、552、208、209、210、211和白色色号。）

1 这个手链的编法其实是用两个脊线纹的手链方法编织成类似镜面效果的花纹，你仍然可以采用从中间对折的方式获得12条绣线，但是要确保有6种颜色。制作这款手链时我剪取了6条长约198cm的绣线，从中间对折并在距离对折处15~18cm的地方打结，现在就有12条绣线了（1）。

2 对于这个有一定宽度的手链来说，唯一耗时的地方就是在开始前需要把所有的绣线按颜色顺序排列好。当然，一半一半地排列更容易一些（2）。

3 现在是时候来学习一下略微不同的编织方法了。一般来说，手链在编织的时候是按顺序一排一排地编织，但是如果你在编织这款手链时采用编完第一排然后再进行第二排的方法，结扣就很容易全部混在一起。所以，在你完成第一排的两个结扣之后，紧接着开始编第二排的第一个结扣。要注意的是，最左边的绣线不要用（3，4）。

4 在打完第一排的第二个结扣的时候去打第二排的第一个结扣（5）。

5 继续用这种方法打结，在第一排的结扣打完之后紧接着打第二排的结扣，一直到前两排都完成（6）。

6 习惯了这种编法之后就继续编织手链吧，一直编到你需要的长度，然后用你最喜欢的收口方法进行收尾（7，8，9）。

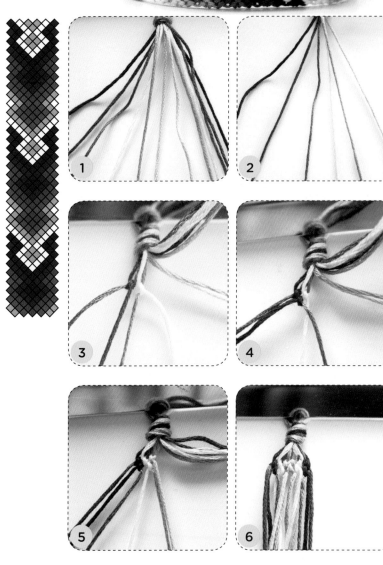

双焰纹手链

（本节选用的绣线为DMC绣线的890、699、700、703、772和白色色号。）

1 有时候，与其通过不断增加绣线数量来达到丰富手链的花纹和视觉效果，不如将一种花纹进行重复编织更能增加手链的设计感。这不仅让人眼前一亮，还能避免加入过多颜色的绣线导致手链过于花哨，看不到重点。另外，虽然编织示意图看起来很复杂，但在编织的时候你会发现，因为是将同一款花纹编织两次，所以并没有想象中的那么复杂。如果恰巧火焰纹是你最拿手的编法，那么本节介绍的手链对你来说就更加轻松了。

2 首先仍然是剪取绣线，如果你要编的是两个相同颜色的火焰纹，那么你需要的不仅仅是每种颜色剪取一条，而是剪取双份的长约198cm的绣线。你可以将两组绣线分别绑成一组，但是我个人感觉将所有的绣线绑成一组更加方便。

3 把所有的绣线按照单个火焰纹手链所需的绣线颜色分成两组，这样可以方便区分哪一部分是你现在的编织组，哪一部分是待编织组。记得检查你选取的色号是否正确（1）。

4 根据火焰纹手链教程中介绍的编法，开始编织两组绣线的第一排结扣，一定要保证所有的用线顺序都是正确的（2）。

5 在你编完第一排的前两个结扣并且完成了第二排的一个结扣之后，你会发现跟之前学的火焰纹的模式有些不一样：现在有两条绣线都可以继续打结，在单个火焰纹手链中，它们并不在编织第二排时使用，一直到第三排才会用到。而在双焰纹手链的编织过程中，这两条绣线是要被使用的，将它们编织在一起是让两个单个火焰纹能结合成一条双焰纹手链的关键（3，4）。

6 继续编织结扣，然后随着示意图编织到你需要的长度。编织这样一条宽度的手链需要耗费一定的时间，所以在编织的时候一定不要气馁。当然你觉得累了或者没有耐心的时候就休息一会儿，让自己在轻松的心情下通过几个小时甚至几天来完成这条手链。

7 当你终于编到了需要的长度时，用你喜欢的收口方式结束这条手链吧！这时候可能你会觉得这么宽的一条手链在收口的时候将所有的绣线统一编织收口会在结尾处留出空隙，导致手链变松，所以建议你仍可以继续用分开的两组绣线分别进行收口。

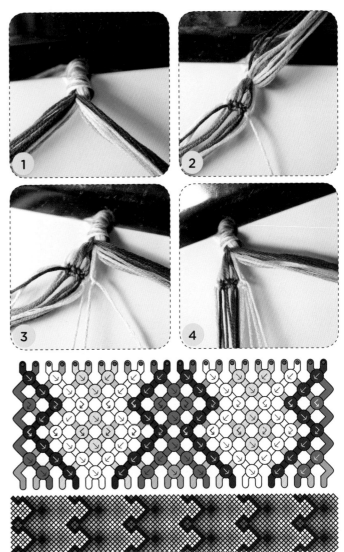

渐变火焰手链

（本节选用的绣线是DMC绣线的703、727、742、799、554和603色号。）

1 编织这条渐变火焰花纹的手链需要准备6种不同颜色的绣线。将所有的绣线剪至约198cm，从中间对折并在距离对折处6～7cm的地方打结，也就是说现在有12条绣线。

2 第一排的编织方式和前面提到的普通火焰纹手链的编法一样，但是第二排开始则需要用正反向结扣和反正向结扣来代替正向结扣和反向结扣（1）。下一排则又重新使用普通的正向结扣或反向结扣。

3 跟着示意图一直编织，要确保在编织的时候注意哪一排该用正反向结扣或反正向结扣，哪一排只需要用正向结扣或者反向结扣（2，3）。

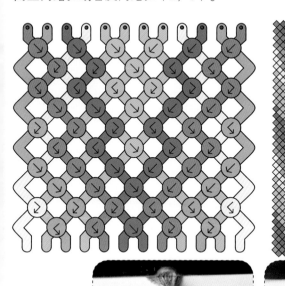

V字形渐变手链

（本节选用的绣线是DMC绣线的956、995、907和550色号。）

1 挑选4种你喜欢的绣线，每条绣线剪取约183cm。从中间将绣线对折并在距离对折处的15～18cm处打一个结扣，你将拥有一条用8条绣线编成的V字形渐变手链。

2 这条手链的主要花纹和之前教大家的V字形手链一样，都是实心的V字形花纹。但是在这条手链中可以看到每个V之间会有一些混合颜色的结扣，这也成为了这款手链独特的亮点。从示意图上我们就可以发现，这条手链使用连续的正反向结扣和反正向结扣即可完成。

3 为避免在编织时出现错误，你需要记得一个重要的小提示，在开始用最外侧的绣线准备编织时，不要用普通V字形手链的编法（上来就用最外侧的绣线直接在下一条绣线上打结），而是要先在最左侧和最右侧分别打一个正反向结扣和反正向结扣（1，2）。

4 学会上一步骤之后跟着示意图编织到你需要的长度，然后用你最喜欢的方式收口就可以了（3）。

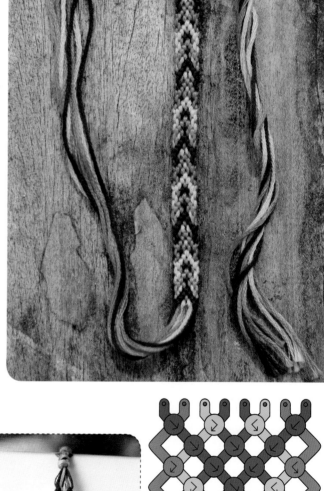

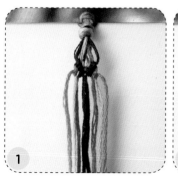

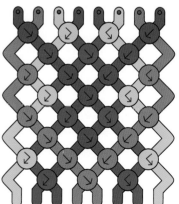

① ② ③

双色格子纹手链

（本节选用的绣线是DMC绣线的351和333色号。）

1 挑选两种颜色的绣线，每个颜色各剪取两条长约183cm的绣线并将其从中间对折，在距离对折处15~18cm的地方打结固定所有绣线。现在我们将要编织一条由8条绣线组成的手链。

2 这是一款特别简单的手链，一旦你学会了这条手链的编法，你可以编出更多的类似花纹的手链。当所有的绣线都按照示意图的顺序排列后，你只需要在第一排用正向结扣编织，第二排用反向结扣，第三排再用正向结扣，以此类推。格子花纹会随着不同的结扣而逐渐显现出来（1，2，3）。

3 不断重复上述步骤编织手链，直到达到你需要的长度，然后用你最喜欢的方式收口就完成了！

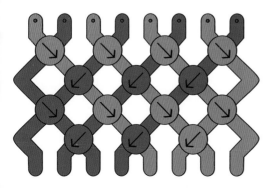

碎花格子手链

（本节选用的绣线是DMC绣线的304、741、726、704、699、3844、3837和3801色号。）

1 这种颜色丰富的碎花格子手链是将那些因为种种情况而变得稍微有点短的绣线得以充分利用的最好方法之一。挑选8种不同颜色的绣线，修剪成相同的长度，但是至少要保证每条约有92cm的长度。

2 如果你有喜欢的或者擅长的手链花纹，可以选择将其作为这条手链的开始部分，但选择哪种方法开头并不强求，主要目的就是将所有的绣线按照编织示意图的顺序排列而已。例如，我这次就选择了用后文会教大家的彩虹纹手链的编法作为开头。当所有绣线已经用你选择的开头方式区分并且固定之后就可以跟着示意图来编织碎花格子花纹了（第一排用正向结扣，第二排用反向结扣，第三排用正向结扣，以此类推）。这样的编织方法会在手链上呈现出随机的感觉，你就可以创造出一条既有趣又色彩斑斓的手链了（1，2，3）。

3 一直编到你想要的长度，然后用你最喜欢的方式收口就完成了。

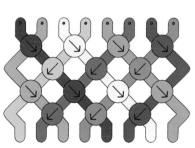

窗格纹手链

（本节选用的绣线是DMC绣线的3857、3825、3836、3851和3855色号。）

1 这款手链除了带有窗格花纹之外还增加了一个线条元素，以线条组成的菱形来划分出不同颜色的窗格纹，在此选用棕色绣线来作为线条元素绣线。

2 选择4种颜色的绣线作为窗格纹的绣线，再选另一种绣线作为线条元素绣线。编织窗格纹的绣线每种颜色各剪取两条，长约198cm；编织线条元素的绣线同样剪取两条，但是长度约为229cm。将所有的绣线从中间对折，注意窗格纹绣线和线条元素绣线的长度区别，然后在距离对折处15～18cm的地方打结。现在你应该有20条待编织的绣线，其中16条是相同的长度，另外4条要相对长一些。

3 将绣线分为3组：一种颜色的绣线和线条元素绣线为一组（6条），另外两种颜色的绣线为一组（8条），最后剩下的颜色的绣线和线条元素的绣线为一组（6条）（1）。

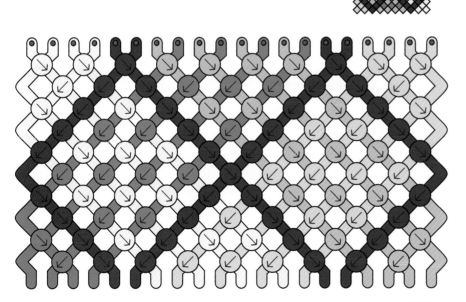

4 编织前两排的时候要非
常小心，不要编错，因
为这个数量的绣线在所有的
手链当中算是比较多的了，
一不小心就会用错绣线。一
旦你编完前两排为整条手链
奠定好基础后，这条手链
接下来的编织就非常容易了
（2，3，4，5，6，7）。

5 当你完成前两排的编织
后，就可以用之前提到
的碎花格子图案的方法来编
织了（第一排用正向结扣，
第二排用反向结扣，第三排
用正向结扣，以此类推）。
唯一不同的地方是线条元素
的绣线会一直穿梭在整条手
链的编织过程中，一直会使
用单个结扣穿插。也许你发
现这会把窗格纹打乱，但是
这恰恰是我们想要的效果，
用线条创造出来菱形的轮廓
给手链带来更强烈的视觉效
果。这也是在一开始需要将
线条元素绣线剪得更长一些
的原因。

6 继续跟着示意图编织，直
到你想要的长度，然后用
你最喜欢的收口方式进行收尾
（8，9，10，11，12，13）。

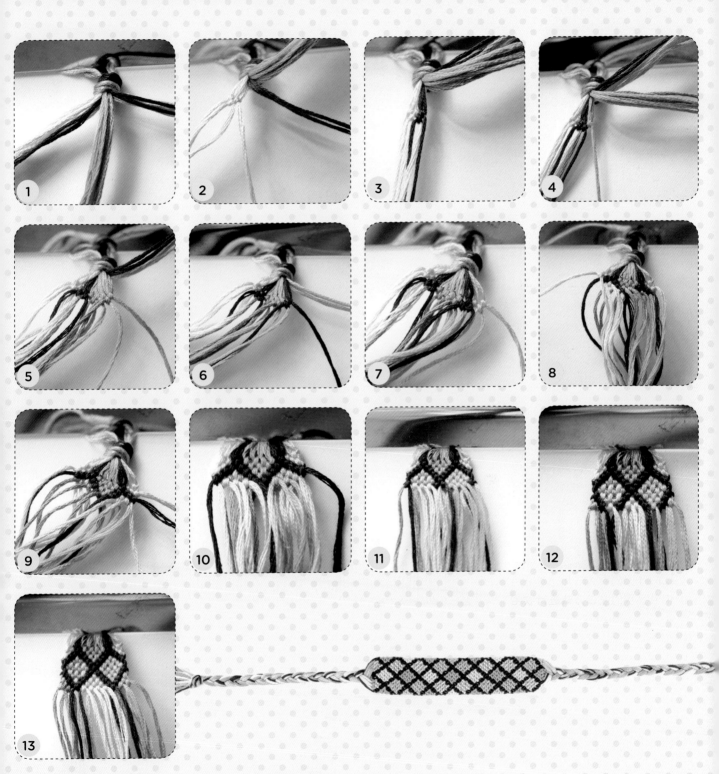

彩虹纹手链

（本节选用的绣线是DMC绣线的310、321、741、743、704、700、3812、3844、3837和327色号。）

1 这款手链的花纹示意图展示出了一个美轮美奂的九色彩虹。虽然用了黑色绣线作为整条手链的背景颜色，但是为了能让大家看得更清楚，在示意图中用了灰色来代替黑色，方便在学习的过程中看清楚箭头的指示方向。

2 编织这条手链需要准备两种绣线：一种是用来编织彩虹纹的绣线，另一种是用作背景的绣线。剪取9条绣线：背景线约为198cm，另外8条彩虹线约为122cm。将背景线从中间对折，但是彩虹线不需要这样做。将所有的绣线绑在一起，然后在距离背景线对折部分的15~18cm处打一个结，所有彩虹线的顶端应该与背景线对折端持平。

3 从示意图中可以看到，在大多数情况下这款手链需要用到正向结扣－反向结扣－正向结扣来构成格子并组成彩虹的花样。同样可用这样的方法来编织大片大片的背景色部分。即使所有的绣线都是相同的颜色和方向，打结的方式仍然可用让手链按照示意图的指示完成编织。但是，在编织背景的时候总有留给彩虹绣线展现的机会（1，2）。

4 随着示意图一直编织到你需要的长度，然后用你最喜欢的收口方式结束编织，这样彩虹纹手链就制作完成了。

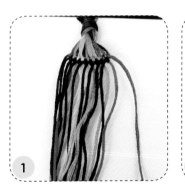

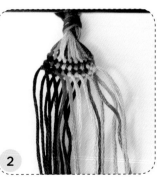

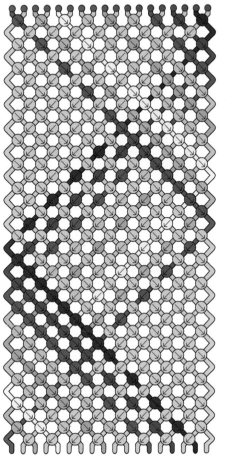

双彩虹纹手链

（本节选用的绣线是DMC绣线的304、741、743、699、3842、327色号。）

1 本节要教大家编织带有镜面效果的双彩虹手链，在此只选用了6种颜色的绣线，以避免手链过宽。

2 需要准备两组绣线，彩虹绣线和背景绣线。剪取6条长约198cm的背景绣线，6条约229cm的彩虹绣线，每种颜色各一条。从中间将所有的绣线对折并绑起来，然后在距离对折处15～18cm的地方打一个单结，现在一共有24条待编织的绣线。

3 将手链按6条线为一组，分成左右两组，左边组的编法和前面的普通彩虹纹手链完全一致，用彩虹线在背景线上打正向结扣（1）。但是，手链的右边组就采用了不同的方法，虽然还是用彩虹线在背景线上打结，但是采用的却是反向结扣（2）。

4 继续跟着本节的示意图进行编织，交替完成彩虹的格子部分（同时注意，即使在编织时出现大面积的白色背景色也没关系，持续用正向结扣和反向结扣跟着示意图顺序编织，即可保证手链的彩虹纹一直出现）和背景色部分。一直编到你需要的长度然后用你最喜欢的收口方式结尾即可（3，4，5）。

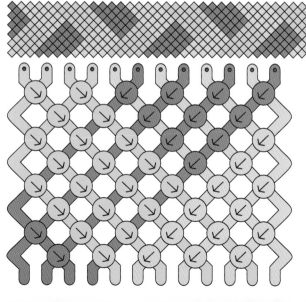

发辫纹手链

（本节选用的绣线是DMC绣线的3846、351和742色号。）

1　选择3种颜色的绣线，每种颜色都剪取两条，每条长
　　约198cm。将所有都绣线从中间对折，然后在距离
对折处15～18cm的地方打一个单结。现在我们有12条待
编织待绣线。

2　将其中一种颜色的绣线和另外两种颜色的绣线区分
　　开，放在左边（1）。如右图所示，将左边的绣线依
次在其余的绣线上打正向结扣，另外两种颜色的绣线用反
向结扣相互打结即可（2）。

3　跟着图片上的步骤继续编织（3，4），但在你编织
　　到一定长度之后，你会发现有一条绣线并没有和其
他绣线一样每次都用到，和其他绣线相比这条绣线会长出
来很多（5）。如果你继续如现在一样编织，最后你会发
现在还没有编织到你需要的长度时就不得不停下来了，因
为有一条绣线很快就用完了，而另一条与其颜色相同的绣
线还有很长的长度可用于编织。

4　为了避免出现上述的状况，可在编织的时候将两条
　　颜色相同的绣线不断进行交替编织。当编织到一定
长度的时候，最短的那条绣线需要通过结扣系在另一条颜
色相同但是长度较长的绣线上。打结时不采用将短绣线用
正向结扣打在长绣线上的方法，而是将长绣线通过一个反
向结扣打在短绣线上（6，7），然后继续用开始时的方法
编织即可。

5　一直跟着图片编织，不断确认每条绣线的长度然后
　　相互交替，编织到你需要的长度后用你最喜欢的方
式收口就完成了。

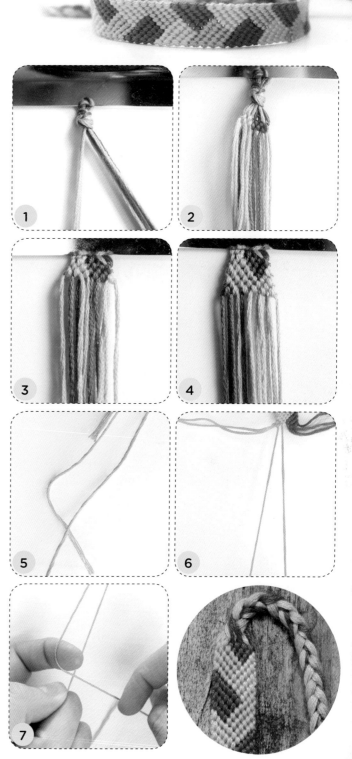

双发辫纹手链

（本节选用的绣线是DMC绣线的白色、351和959色号。）

1 这款手链和双焰纹手链的编织方法非常相似，也是编织两个并排连接的单个发辫纹手链。你需要准备3种不同颜色的绣线，但是这次不是每种剪取两条，而是每种剪取4条，每条长约213cm。这次长度略微长一些是为了保证这种宽手链也能有足够的长度。将所有的绣线从中间对折并在距离对折处15~18cm的地方打结将所有的绣线固定在一起。

2 跟着文字下方的示意图首先完成前两排的编织（1）。当在开始部分准确地将绣线的位置固定好之后，剩下的编织过程你会觉得非常熟悉，当然前提是你已经编织过普通的发辫纹手链。稍微有些不同的地方是在手链的中间会编织一大块斜横杠的区域（2，3，4）。这条斜横杠可以使每条绣线都得到充分地使用，不用像普通的发辫纹手链一样频繁地交换绣线进行编织。

3 跟着示意图一直编织到你需要的长度，然后用你最喜欢的收口方式进行结尾即可。

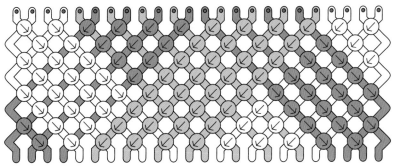

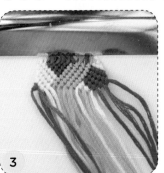

双链纹手链

（本节选用的绣线是DMC绣线的白色和3846色号。）

1 编织这条手链仅需要两种颜色的绣线即可，一种作为背景色，一种作为双链条的花纹色。将背景色绣线剪取5条，每条长约183cm；花纹色绣线剪取两条，每条长约213cm。将所有的绣线从中间对折并在距离对折处15～18cm的地方打结将绣线固定在一起。

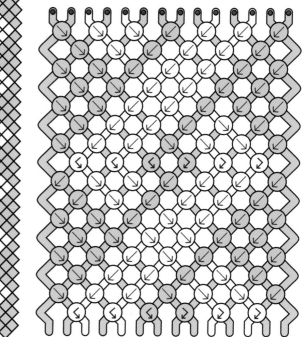

2 一开始的时候会觉得复杂，但是实际编织起来相当简单，唯一需要注意的是要区分哪排要用正向结扣哪排要用反向结扣。紧紧跟随着示意图的走势编织就很容易避免这个容易犯错的地方，很快你就会完全掌握这条手链的编织方法（1，2，3）。

3 同样，一直编织到你需要的长度，然后用你最喜欢的收口方式结尾即可。

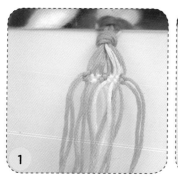

1

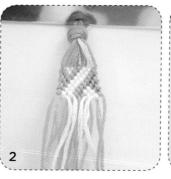

2

3

双缎带纹手链

（本节选用的绣线是DMC绣线的304、890和728色号。）

1 编织这款手链你需要准备3种不同颜色的绣线。将3种颜色的绣线各剪取两条，每条长约198cm。将所有绣线从中间对折并在距离对折处15～18cm的地方打结，固定所有的绣线，现在我们有12条待编织的绣线。

2 和之前教大家的双链纹手链一样，乍看起来会有一点复杂，但是实际编织起来也是非常容易的。只有一点技巧需要注意，以本款手链为例，所有的从左边出现的红色绣线和绿色绣线始终都需要打正向结扣。这是让手链能呈现双缎带花纹感觉的关键（1，2）。

3 跟着示意图一直编织到你需要的长度，然后用你最喜欢的收口方式进行收尾即可。

方块纹手链

（本节选用的绣线是DMC绣线的894、893、891和779色号。）

1 编织这款手链需要准备4种不同颜色的绣线。虽然你可以选择任何你喜欢的颜色，但是本节为了方便教大家编织方法，我就假设你和我选用了相同的颜色，即红色、深粉色、浅粉色和棕色。需要剪取7条红色绣线、4条深粉色绣线、4条浅粉色绣线和3条棕色绣线。每条绣线都剪取约107cm。和之前介绍的手链不同，这款手链不需要将绣线从中间对折，而是直接在距离绣线顶端15~18cm处打结，将所有的绣线绑在一起。

2 这应该算是本书介绍的所有手链中最为复杂的花纹，所以一定注意要一步一步跟着示意图进行编织。当你准确无误地完成了第一个方块的编织时，你会对后续的编织有了更深刻地了解，会更加容易完成手链的制作。但是在那之前，一定要一边编织一边及时确认，避免出现错误（1，2，3）。

3 和示意图所展示的一样，某种颜色的绣线的其中一条会比其他绣线用的更快，这会直接导致你被迫在手链未编织到需要的长度时就停止，即使其他的绣线仍然足够长，这种情况往往会出现在红色的绣线上。这就需要随时查看绣线的长度，根据前面曾经教大家不断交替绣线的方法来解决这个问题。

4 最后，一直编织到你需要的长度，然后用最喜欢的收口方法进行收尾即可。

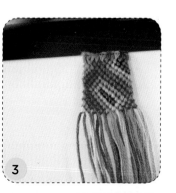

阿尔法编结法手链

相较于其他种类的友谊手链来说，阿尔法编结法的友谊手链更适合通过结扣来编织丰富的图案和英文字母。和其他的手链一样，都使用相同的正向结扣和反向结扣，有难度的地方是不容易在适当的地方打结编织出花纹来。但是，一旦掌握了阿尔法编结法编织手链，就会像开启了一扇崭新的手链编织方法的大门。只需要将想要编织的花纹简单画出来，就可以编织出你自己设计的手链。

阿尔法编结法在编织的过程中会有两种不同作用的线，正面的花纹线和背面的编织线。背面的编织线在编织过程中需要注意要将所有的线始终保持一束，要以结扣来保证不会散开。DMC的绣线多采用外包装将绣线困成一小捆，也许编完一个手链不会将一捆绣线全部用完，但是为了防止在编织时线不够用，在开始时用整捆线进行编织而不剪断是很有必要的。

如果之前没有编织阿尔法编结法的基础，我建议一定要从基础款阿尔法手链开始学习。后续的教程里会涉及基础款阿尔法手链的编织教程，所以不会进行重复讲解。如果遇到不懂的地方则可以回顾阿尔法基本款手链的教程。

基础款（渐变）手链

（本节选用的绣线为DMC绣线的白色和121色号。）

1 学习基础款手链主要是为了让新手可以练习阿尔法编结法的打结方式，同时展现一下渐变色手链的样式。正面的花纹绣线是手链不可缺少的一部分（没有这部分就不能编出一条阿尔法手链），但是编织时却不会用它们打结。

2 首先挑选背后的打结线。我非常喜欢做出渐变的感觉来，这个花样很像其他常规编法的友谊手链的编织方法。挑选出你喜欢的颜色的绣线，去掉外包装后把所有的线捋顺，从线团中拉出绣线，直到距尾端16~92cm时停下，用剩下的线打结，让所有的线绑在一起（1）。

3 现在可以选择你想要的正面花纹线。这些绣线也许不会完全出现在你的手链上，但是会通过颜色展现出它们的存在感。将这捆线平均分剪成三等份，每份长度约为168cm，从中间将绣线对折从而让背面打结线的末端和正面花纹绣线形成环扣的顶端对齐（2）。然后在距离顶端环扣15~18cm处打一个单结，让绣线绑在一起。

4 阿尔法编结法的开始和编织糖果条纹手链的方法类似。将背后的打结线放在左边（3），然后用背后的打结线在每一条正面花纹绣线上打结（4）。

5 在打结的过程中你可能会发现结扣会呈现越来越向下倾斜的趋势，但是我们需要的是完全呈直线的结扣，所以需要调整这些结扣的位置。方法非常简单，轻轻地捏住需要调整的结扣部分，轻轻往上推至所有的结扣都在同一条直线上即可（5，6，7）。

6 当每条正面绣线都有一个结扣并排列整齐之后，用打结线在最右边的正面花纹绣线，也就是你打最后一个结扣的绣线上，打一个反向结扣（8，9，10）。这

时候就继续在正面绣线上从右至左地打反向结扣，一直到返回到最左边（11）。

7 停下来再次如步骤5所述调整结扣的位置，确保所有结扣都在同一直线上（在打完4~5排结扣之后你可以不再重复此步骤），然后开始打正向结扣回到右边去（12）。

8 继续来回变换结扣方式进行不断地打结，一直到你认为合适的长度，然后用一个你喜欢的收口方式进行收尾就大功告成了！

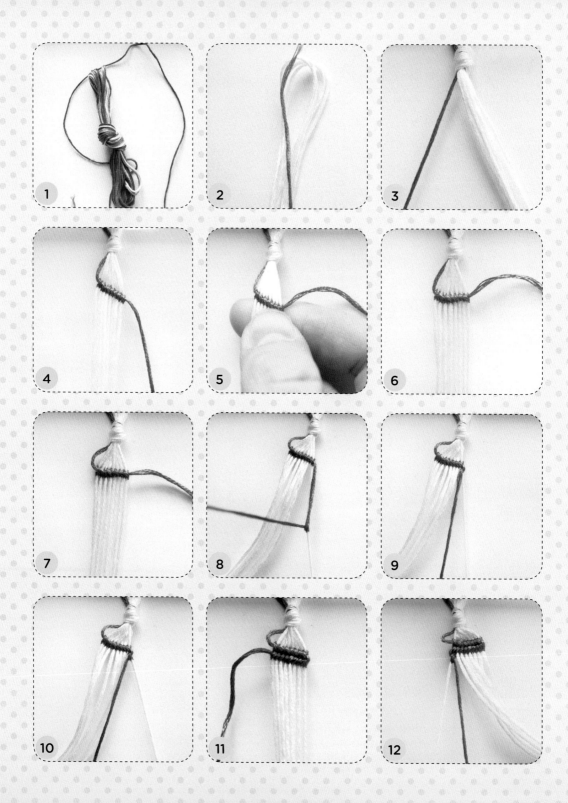

渐变波浪手链

（本节选用的绣线为DMC绣线的310和渐变4200色号。）

1 与基础款的阿尔法手链一样，这款手链也不会用正面花纹线打结编织。但是这款手链带点小技巧，背后的打结线要用两条（这也是这本书中唯一、也是我所知道的唯一一款同时用两条打结线编织的阿尔法编结法手链）。选两种你认为搭配起来非常漂亮的绣线，渐变色的绣线是个非常不错的选择，但是个人建议在初次尝试的时候还是选择常规的颜色，防止编完之后发现手链的颜色相互冲突。将挑好的绣线打一个单结将它们绑在一起待用（可参考基础款手链编织教程）。你可以挑取3种不同颜色的绣线作为正面花纹线，这3种颜色的绣线在最终的成品上不会显露出太多，我认为花纹线用同一种颜色的绣线在编织的时候更为简单。剪取5段长约168cm的绣线，从中间对折从而让背面打结线的末端和正面花纹线形成环扣的顶端对齐，然后在距离顶端环扣15~18cm处打一个单结，让绣线绑在一起。

2 将两条打结线都放在左边。

3 将其中一条打结线依次在每条花纹线上打正向结扣，另一条仍放在左边。当所有的花纹线都打过一排结扣时，不要忘了停下来调整一下结扣的位置，始终保持结扣在同一水平线上（1）。这时第一条打结线在最右边。

4 将第一条打结线放在右边不动，用第二条打结线重复上述过程，依次在所有的花纹线上打正向结扣。一定要注意第二条打结线的结扣不要覆盖在已经有的结扣上。当所有的花纹线都打过一排结扣时，不要忘了停下来调整一下结扣的位置，始终保持所有结扣在同一水平线上。然后，继续用第二条打结线从右至左依次在每一条花纹线上打反向结扣（2）。此时，第二条打结线又回到了左边。

5 将第二条打结线放在左边，用第一条打结线依次在花纹线上打反向结扣，使第一条打结线重新回到左边，在刚刚第二条打结线打成的结扣下面再打一排结扣。当回到了最左边的时候继续用第一条打结线打结，使其回到右边。再次提醒，不要让两条打结线的结扣相互重叠（3）。

6 当第一条打结线回到最后边之后，重新用第二条打结线继续依次打结回到右边，然后继续打结再回到左边（4）。

7 重复上述几个步骤，一直到编织的长度符合你的要求，最后用一个你最喜欢的收口方式进行收尾即可。

字母花纹手链

（本节选用的绣线为DMC绣线的608和552色号。）

1 这款手链可以说是编织真正具有个人特色手链的入门。一旦你掌握了如何编织字母花纹，你就可以编织出任何你喜欢的花纹了。

2 选择两种颜色的绣线分别作为打结线和花纹线。这次，两种颜色都能在成品手链上体现出来。挑出一些打结线，然后剪取4段长约168~183cm的花纹线，从中间对折让背面打结线的末端和正面花纹线形成环扣的顶端对齐，然后在距离顶端环扣15~18cm处打一个单结，让绣线绑在一起。

3 现在在你手里的有打结线，8条以上的花纹线。要注意，每个字母的高占6个结扣，要保证在字母的上、下各留出一个结扣的宽度作为边界。

4 在开始编织手链之前，如果想要字母在手链的正中间，你需要做一些简单的计算。找出你最近用阿尔法编结法编成的手链，数数在2.5cm的长度中你打了几排结扣，然后用排数乘以你想要编织成的长度。数数你设计的字母会占几排，然后用之前算的数字减去字母占的排数再除以2。这个最终的数值就是你要从第几排开始进行字母的编织。

5 举个例子，我在2.5cm的长度中打了13排结扣。如果我想编织一条长约12.5cm的手链就会有65排结扣，我想要编织的字母花纹占了21排，另外的44排就是空白没有花纹的部分，也就是说我在编织第22排结扣时开始编织字母，字母占了21排，剩下的22排则在字母的后面。也许这款手链看起来前期工序特别复杂，但成品会让你觉得这一切都值了。

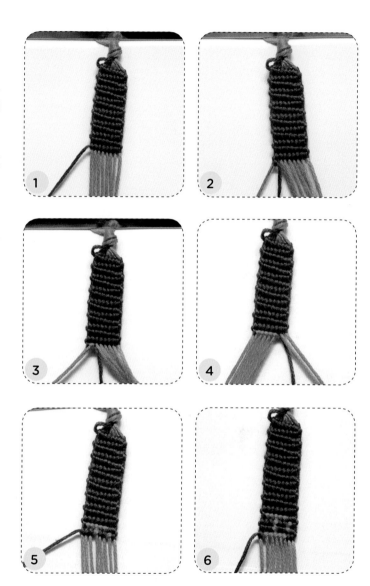

6 用之前提到的基本款手链的打结方法编出符合你
要求的排数的结扣（1）。当要开始编织字母花纹
时，紧跟着上一排结扣，在下面打花纹结扣即可（2）。
记住，第一竖列和最后一竖列，也就是最左边和最右边
的两条线作为手链的边界，是不能进行花纹编织的，在
编织的时候要特别注意。

7 到现在为止，你只用打结线在花纹线上进行
正、反向结扣的打结工作。而要想把花纹编
织出来你则需要用花纹线在打结线上进行打结。
我以字母"A"的编法为例，如图可以看到打结
线在最左边的花纹线上打了一个正向结扣之后，
用紧跟在后的那条花纹线在打结线上打一个反向
结扣，这样就会出现一个不同颜色的结扣（3）。

8 接下来我们继续编织字母"A"，依次用花纹线
在打结线上进行正向结扣的打结，根据你手链的
宽度计算出需要打几个结扣，图中为4个（4）。当编
完"A"的第一排花纹之后，用打结线在花纹线上打这
一排的最后两个结扣。

9 现在，我们需要回到左边去。用打结线在花纹线
上打反向结扣，需要编织"A"时就用花纹线在打
结线上打正向结扣（5，6）。何时该用打结线打结，何

时该用花纹线打结可以参考本页下方图示。当然，也可
根据自己的手链宽度和想要表达的感情自行设计花样。

10 继续跟着你设计的花样来编织你想要的字母，
只要确保编织之前将结扣的空白部分和花纹部
分统计好就不会出错。同时，建议在每个字母之前空出
一排用打结线编的结扣，防止所有的字母连在一起看不
清楚。

11 当把所有的字母都编完后，继续用打结线在花
纹线上打结，要和（6）中的数量相等，这样
能确保你刚刚编织的字母在整条手链的中间位置。最后
当然还是用你最喜欢的收口方式进行收尾就可以了。

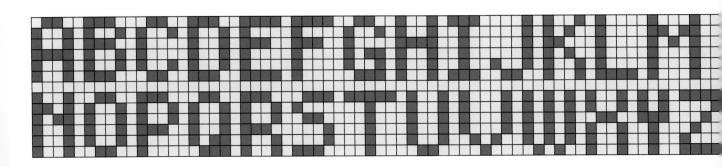

三色手链（变化打结线颜色）

（本节选用的绣线为DMC绣线的321、608和973色号。）

1 本节教程会教你如何在用阿尔法编结法进行手链编织时换一种颜色的打结线。图中的手链虽然选了3种不同的颜色作为打结线，但是你也可以只选择两种，甚至可以每编织一排结扣就换一种颜色，这都取决于你想要一条什么花样的手链。

2 挑出一些绣线作为打结线，再选一种颜色的绣线作为花纹线（这次花纹线的颜色仍旧不在成品手链上体现出来），然后剪取4段长约168~183cm的花纹线，从中间对折让背面打结线的末端和正面花纹线形成环扣的顶端对齐，然后在距离顶端环扣15~18cm处打一个单结，让绣线绑在一起。

3 用第一种颜色的打结线进行正常的阿尔法编结法编织手链，直到你想换一种颜色。当你想换颜色的时候，我的个人建议是不要选择在两侧的边界线上换，而是在中间的位置换另一线，这样能做出渐变的感觉来（1，2）。

4 换颜色时将第一条打结线拉到一边，将第二条打结线放在手链的后面，从停止的地方开始继续打结编织（3）。

5 现在，开始用新的打结线继续在花纹线上打结。图片中，我停止用第一条打结线打结时是用正向结扣从左至右打结，所以第二条打结线继续打正向结扣即可（4）。

6 继续用第二条打结线在花纹线上打结。要确保第一条打结线始终在花纹线的一侧，不要让两种线混在一起，避免你在用第二条打结线打结时将另一条打结线也当作了花纹线（5）。

7 当你想换另一种颜色的时候就重复步骤4，然后持续编织到你认为合适的长度后用你最喜欢的颜色进行收尾。而在剩下的那些不同颜色的打结线你可以这样处理：将它们剪断，然后用指甲油把它们固定在手链上；或者用针将它们仔细地挑进手链的缝隙中；在最后收口的时候把它们和花纹线一起打结也是不错的选择。

8 如果你在用其他方法编织手链时因为线太短而导致手链不够长，你也可以用这种编法"救活"这条过短的手链。

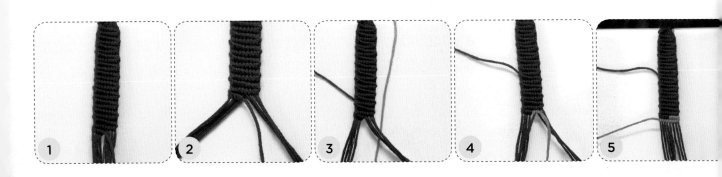

彩虹心手链

（本节选用的绣线为DMC绣线的321、741、743、704、3844、333和956色号。）

1 本节教程将教大家用最简单的方法让你的手链上呈现出更多色彩。选一种颜色的打结线，然后选2~7种颜色的花纹线。将每种花纹线剪取长约92cm，再剪取两条和打结线颜色相同的绣线，分别放在花纹线的最左边和最右边作为手链的边界线。将所有的绣线都牢牢绑在一起，然后在距离此处约15~18cm的地方打一个单结。

2 小心地开始进行手链的第一排结扣工作，因为你用打结线对花纹线打结的顺序决定了这条手链花纹线的排列顺序。为了让心形能够更准确、更漂亮地呈现在手链上，个人建议你按以下顺序排列：白色、粉色、紫色、蓝色、绿色、黄色、橙色、红色、白色（1）。

3 用打结线编织出你计算好的空白排数的结扣，使用字母手链教程中的计算方式来确定手链的长度，以此确保心形图案位于手链的正中间。

4 当你编织完空白的结扣之后，就可以进行花纹的编织了。有了前面字母手链的基础，编织这款手链就很容易了，随着你计算好的长度和排数进行编织，只要不用错绣线颜色就成功了（2~7）。

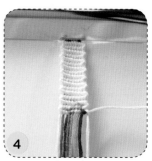
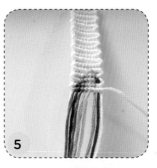
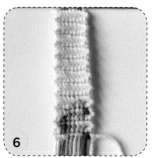

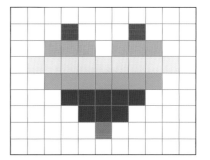

组纽编法
手链

这种手链和本书中介绍的其他手链完全不一样，你将会用到不同的绣线，不同的方法，工具也不一样哦。

组纽编绳器

组纽编绳器是一种用塑料或者泡沫板做成的圆形的在边缘处有32个豁口的圆盘，一般在正中间还会有一个圆洞。如果你没有或者不方便买到的话也可以自己制作一个。

手链搭扣

用于收尾地方的搭扣，我选择的是两头都带金属环的，一定要选择和你的手链粗细相匹配的尺寸，如果太小手链塞不进去，如果太大又容易脱落下来。龙虾搭扣是常见的可以将两头连接起来的扣环。

基础款手链

（本节选用的绣线为DMC 的light effects系列的E334号绣线。）

1 我喜欢用摸起来光滑、有金属质感或者荧光色的绣线来编织组纽手链。本节选用了4条蓝色的绣线，每条线截取约122cm的长度。将4条线从中间对折，并在对折处用另外一小段绣线穿过对折形成的圆环处然后打结，将所有的绣线绑在一起（1，2，3）。

2 在小塑料袋里放一些硬币等略微带些重量的东西，然后用橡皮筋封住口。用一个安全别针把装着硬币的小袋子和绑住蓝色组纽绣线的短线连接在一起（4）。

3 把挂着重物的部分由上向下穿过编绳器中间的圆洞，剩下的散开的绣线分散在编绳器的上面，然后将绣线分别卡在编绳器的32、8、16、24号左右两边的豁口（5）。

4 将32号置于最上面的位置（6）。

5 用右手把在32号豁口右边的绣线拉出来，放到17号和18号中间的豁口里（7，8）。

6 用右手拿住编绳器，然后用左手拉出16号和15号中间豁口处的绣线，放到1号和2号中间的豁口里（9，10）。

7 向左旋转一下编绳器，将24号调整到最上面（11）。然后重复步骤6的过程，将上面右边豁口的绣线移到下面，下面左边豁口的绣线移到上面（12）。

8 一直编到合适的长度之后就可以结束编织了。加上两头的金属环扣端口和龙虾搭扣之后手链还会长几厘米，但是没关系，你还要将编好的手链进行修剪，所以长度不会和你的预期有太大出入。要小心地将所有的绣线从编绳器的豁口里拿出来，然后用一个单结将它们绑在一起。

9 用一条细但是非常强韧的线在你刚刚用来收尾的单结旁边紧紧打一个你能系得最紧的扣（13）。

10 在细线扣和结尾扣的距离内，用剪刀在靠近细线扣的地方剪断一截手链。一定要注意，不要剪到细线扣的里面，也不要离细线扣特别近（14，15，16）。

11 用热熔胶枪在剪断的手链部分点几滴热胶，然后处理平整。待热胶干燥之后再点一些热胶在断口处，然后挑两个大小合适的金属环扣端口套进断口处。可能会有一些热胶挤出来，在固定前轻轻刮掉即可（17，18，19）。

12 挂着重物的另一端用同样的方法剪断并且套上金属环扣端口。再次强调一定要选用大小合适的金属环扣端口，不然容易脱落或者根本塞不进去。手链的两端都处理好之后你就需要将龙虾搭扣拿出来，并且准备两个一大一小的金属环，小的用来连接龙虾搭扣和一端的端口，大的放在另一端的端口，方便佩戴时龙虾搭扣的开口处可以轻松扣住金属环（20）。

13 用两个细头钳或者镊子分别捏住金属环的开口处，并将开口扩大，然后用同样的方法将另一个金属环开口扩大（21，22）。

14 将打开的金属环穿过龙虾搭扣的环然后捏紧开口。手链的另一端用同样的方法将金属环和端口连接起来（23，24）。

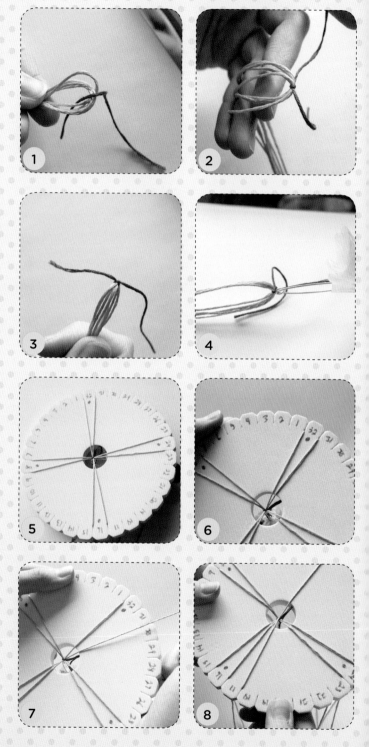

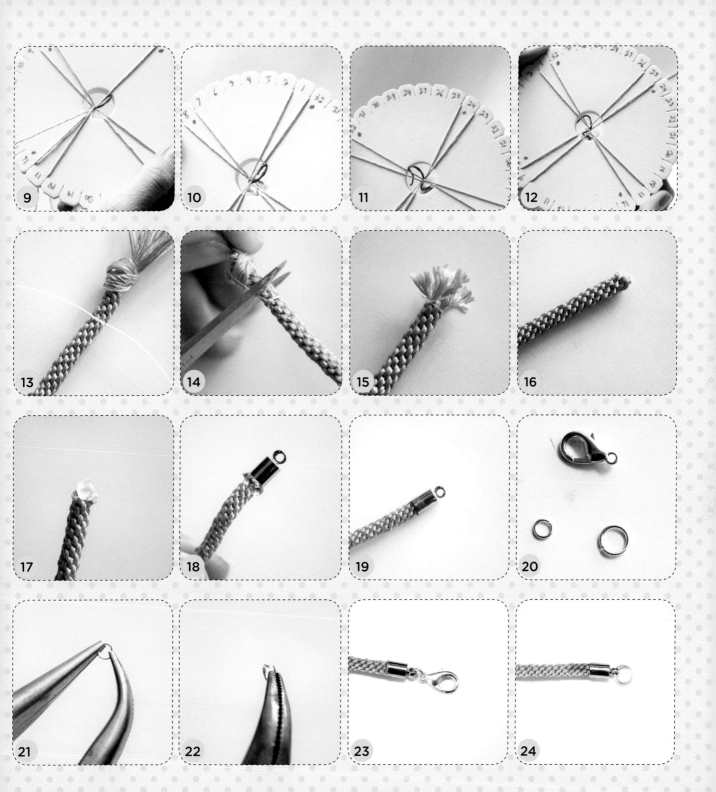

斑点纹手链

（本节选用的绣线为DMC 的light effects系列的E334和E718号绣线。）

1 选择两种颜色的绣线，将蓝色的绣线剪取3条、玫红色的剪取1条，所有绣线的长度约为122cm。将4条绣线从中间对折，然后用一小截线把所有的绣线绑在一起。

2 与编织基础款手链一样，在对折处用安全别针坠上重物穿过编绳器中间的圆洞，将剩下的绣线仍然卡在相同的豁口位置，分别是32、24、16和8号，唯一不同的就是这次有了两种颜色，需要注意颜色的分布。

3 将32号放置在最上面，然后将绣线按照编织示意图卡在相应的豁口上，也就是说32号和16号的两边都是蓝色绣线，24号的右边为玫红色绣线，左边为蓝色绣线，8号则相反（1）。

4 当所有的绣线都排列在正确的位置后就可以编织了。编到合适的长度后把手链从编绳器上取下来，将端口和龙虾搭扣安装上。

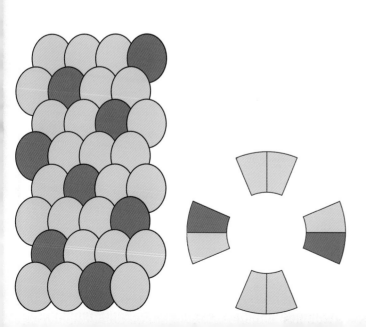

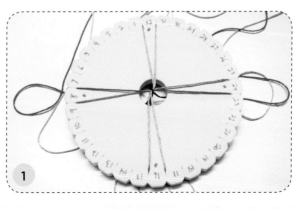

条形纹手链

（本节选用的绣线为DMC 的light effects系列的E334和E990号绣线。）

1 选择两种颜色的绣线并各剪取两条，所有绣线的长度约为122cm。将4条绣线从中间对折，然后用一小截线把所有的绣线绑在一起。

2 在对折处用安全别针坠上重物并穿过编绳器中间的圆洞，将剩下的绣线仍然卡在相同的豁口位置。把32号放置在最上面，然后将绣线按照编织示意图卡在相应的豁口上，32号和16号两边的豁口都为绿色绣线，24号和8号两边的豁口都为蓝色绣线（1）。

3 当所有的绣线都排列在正确的豁口位置后就可以编织了。编到合适的长度后把手链从编绳器上取下来，将端口和龙虾搭扣安装上。

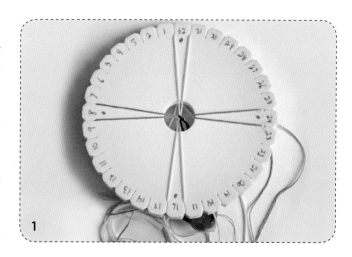

1

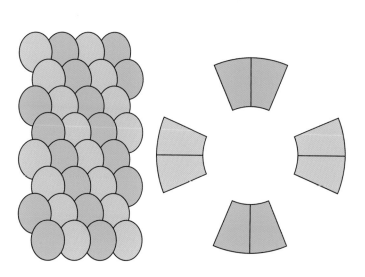

串珠组纽手链

（本节选用的绣线为DMC 的S943和S414号绣线。）

1 选择两种颜色的绣线，虽然成品会因为穿上珠子而看不清绣线的颜色，但是我仍然建议选用两种不同颜色的绣线，这可以帮助你在编织的时候分清楚步骤。剪取3条绿色和1条银灰色的绣线，每条长度约为122cm。将4条绣线从中间对折，然后用一小截线把所有的绣线绑在一起。

2 按照斑点纹手链教程中布置不同颜色绣线的方法将4条绣线分别卡在相应的豁口位置，在编织到6~7mm时停下（1）。

3 在绣线的尾端部分穿一根缝衣针，然后将珠子通过针穿到绣线上，这样要比直接用绣线穿珠子更容易。一次不要在一条线上穿太多珠子，图片中我使用的是6号的小珠子，在一条线上我一次会穿15~18颗珠子（2，3）。当在一条绣线上穿上适量的珠子之后就可以继续穿下一条绣线了，直到所有的绣线都穿上了珠子（4）。

4 现在按照正常的组纽手链的编法继续编织，有一点需要在编织过程中注意：当你拿起一条绣线但是还没有完全穿过盘绳器的时候，用手指捏着最后一颗珠子，紧紧往上推，让珠子能尽量贴近已经编织好的部分。需要一些练习才能完全掌握这个小技巧，不要着急（5~11）。

5 随着编织的继续，不断增加珠子的数量，直到手链的长度比你预计想要的长度短3~4cm时停止。将绣线上多余的珠子摘下来，然后再编织2cm左右。在最后没有加珠子的部分和最开始编织的部分安装龙虾搭扣。

6 将两侧的龙虾搭扣材料安装好就大功告成啦！

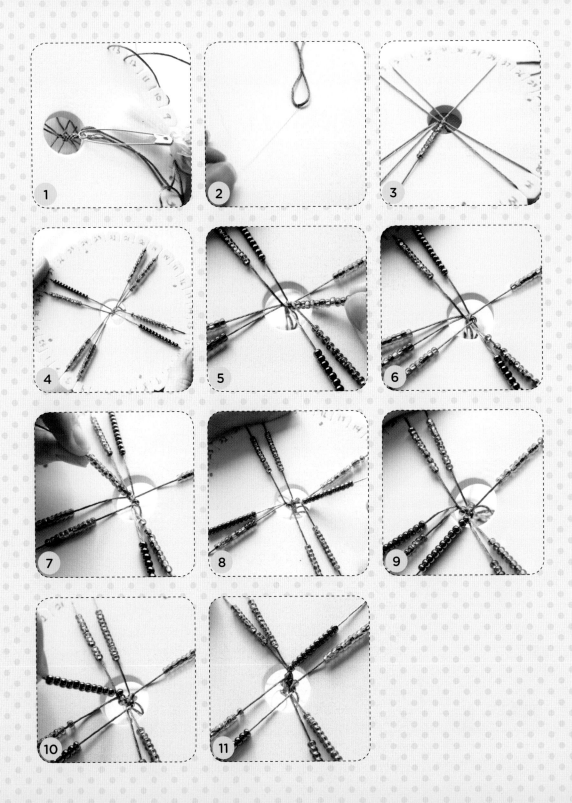